FÊTE ANNUELLE

DU

COMICE AGRICOLE

DE

L'ARRONDISSEMENT D'AGEN

DISCOURS & RAPPORTS

LUS A LA SÉANCE SOLENNELLE DE DISTRIBUTION DES PRIX ET MÉDAILLES

TENUE A PORT - SAINTE - MARIE

LE 25 SEPTEMBRE 1859

AGEN

IMPRIMERIE DE PROSPER NOUBEL

1859

COMICE AGRICOLE

DE

L'ARRONDISSEMENT D'AGEN

FÊTE ANNUELLE

DE

COMICE AGRICOLE

DE

L'ARRONDISSEMENT D'AGEN

DISCOURS & RAPPORTS

LUS A LA SÉANCE SOLENNELLE DE DISTRIBUTION DES PRIX ET MÉDAILLES

TENUE A PORT - SAINTE - MARIE

LE 25 SEPTEMBRE 1859

AGEN

IMPRIMERIE DE PROSPER NOUBEL

1859

I

COMPTE - RENDU

DE

LA FÊTE AGRICOLE DE PORT-Ste-MARIE,

LE 25 SEPTEMBRE 1859.

Le Comice agricole de l'arrondissement d'Agen a tenu, cette année, au Port-Sainte-Marie, sa séance solennelle pour la distribution des primes et médailles. Les cantons appelés à concourir cette année étaient les deux cantons d'Agen et celui de Port-Sainte-Marie.

On sait que lorsque le Comice agricole d'Agen eut l'heureuse pensée de donner plus d'éclat à la distribution de ses récompenses, c'est dans la ville de Port-Sainte-Marie que furent inaugurées ces fêtes agricoles, et le Comice y revenait aujourd'hui pour la seconde fois, certain de retrouver le même accueil et la même hospitalité.

L'honorable Maire de Port-Sainte-Marie, M. D'Imbert de Mazères, attendait à la descente du chemin de fer ses nombreux invités, et le cortége s'est rendu de la gare à l'église paroissiale où devait avoir lieu le service religieux. La messe a été célébrée par M. le Curé de Port-Sainte-Marie, qui a bien voulu adresser aux assistants des paroles appropriées à la circonstance. — La hauteur de vues avec laquelle le digne pasteur a touché les principaux points de la vie agricole, la sagesse de ses conseils non moins que sa parole éloquente et colorée, ont produit sur l'auditoire la plus profonde impression.

De l'église, où la Société chorale si habilement dirigée, a chanté avec goût et précision des morceaux heureusement choisis, le cortége s'est rendu à la promenade où devait avoir lieu la distribution des primes, sous une tente élégamment décorée et qui abritait contre les ardeurs du soleil les fraîches toilettes des dames.

M. le Préfet de Lot-et-Garonne, toujours empressé de témoigner par sa présence et par ses actes de l'intérêt qu'il attache au développement de l'agriculture, avait bien voulu

accepter la présidence : il a cédé la parole à
M. le Maire de Port-Sainte-Marie.

Ensuite, M. de Brondeau a lu un rapport sur
les opérations du Comice ; et M. Goux a fait
l'appel des lauréats, qui sont venus, chacun à
l'appel de son nom, retirer les récompenses qu'ils
avaient conquises, et recevoir de M. le Préfet
des félicitations et des encouragements.

M. le Préfet a fait entendre quelques paroles
d'à-propos sur le concours régional d'agriculture qui doit avoir lieu à Agen dans le courant
de l'année 1863 ; le département de Lot-et-
Garonne doit être, à cette époque, appelé à
recueillir le bénéfice de la prime exceptionnelle
de 8,000 fr. allouée par l'Empereur à l'exploitation agricole la mieux dirigée dans son ensemble. M. le Préfet a engagé les agriculteurs à
redoubler d'efforts pour cette lutte solennelle,
et il a levé la séance aux cris de : *Vive l'Empereur!*

Le banquet, auquel ont pris part ensuite de
nombreux souscripteurs et les lauréats du Comice, a été plein d'entrain et de cordialité.

Plusieurs toasts ont été portés : le premier,
par M. le Préfet, *à l'Empereur Napoléon III!
protecteur zélé de l'agriculture!* Le second,

par M. d'Imbert de Mazères, *à M. le Préfet de Lot-et-Garonne!* Un troisième, par M. de Brondeau, *à M. le Maire et au Conseil municipal de Port-Sainte-Marie!* D'autres encore, tous couverts d'unanimes applaudissements.

Avec le soir est venu le tour de la fête populaire. La foule se pressait sur la promenade, si pittoresquement placée entre la Garonne et le chemin de fer, décorée de mâts vénitiens aux flammes tricolores, et brillamment illuminée. Un feu d'artifice, dont les flammes se réflétaient dans les eaux du fleuve, a dignement couronné cette belle journée.

II

DISCOURS

DE

M. D'IMBERT DE MAZÈRES,

MAIRE DE PORT-SAINTE-MARIE,

PRÉSIDENT DU COMICE.

Monsieur le Préfet et Messieurs,

Il y a trois ans, à pareil jour, le Comice de notre arrondissement, prenant un essor inaccoutumé, se décidait à sortir de l'enceinte officielle de la ville d'Agen pour venir distribuer ses encouragements et ses récompenses au milieu des habitants des campagnes. C'est à nous que fut réservé l'honneur de le recevoir; et le souvenir de cette solennité, si sympathique à notre population, est désormais consacré par une fête annuelle dont votre présence aujourd'hui, dans les mêmes circonstances, fixera le caractère et contribuera si puissamment à rehausser l'éclat. Oui, Messieurs, nous avons voulu que la solennité du mois de septembre 1856 laissât parmi nous un souvenir en rapport avec son importance et que le temps qui, dans son cours rapide, emporte tant de choses, ne pût affaiblir.

Nous célébrons donc en ce jour le troisième anniversaire de cette fête de l'agriculture, et, plus encore que la première fois, s'il est possible, nous tenons à justifier la confiance que vous placez en nous. Aussi, voyez comme notre vieille cité s'est émue, comme elle a revêtu ses habits de fête en votre honneur. Comme nos dames elles-mêmes, heureuses et empressées, viennent embellir cette réunion de leur présence et mêler leurs applaudissements à nos applaudissements !

Ici les travaux des champs seront toujours les premiers ; et si c'est au milieu de nous qu'une antique tradition place le berceau des réunions agricoles, nous ne manquerons jamais aux exemples que nous ont laissé nos pères et nous saurons les léguer à nos enfants.

Ici nous sommes fiers du titre et de la profession d'agriculteur ; et il n'est pas un de nous qui, pénétré du but que se propose le Comice, n'aspirât à mériter une médaille d'honneur. Le modeste cultivateur à qui vous l'aurez décernée la conservera pieusement dans sa famille. *Médaille oblige*, dira-t-il souvent aux siens pour les fortifier par son exemple dans le sentiment du devoir et leur tracer la route dont ils n'auront pas à dévier, car ils voudront rester fidèles à la mémoire de leur père et conserver son plus précieux héritage, la confiance des gens de bien.

Si vos récompenses s'adressent au propriétaire essentiellement agriculteur, vivant à la campagne, dirigeant ses exploitations, vos encouragements lui donneront plus de confiance en lui-même, plus de force et plus d'ascendant auprès de ses subordonnés pour l'exécution de ses ordres et l'application intelligente de ses instructions.

Enfin, si vous distinguez dans leur retraite quelques-uns de ceux que des fonctions d'une autre nature éloignèrent pendant nombre d'années des doux loisirs de l'agriculture, ils n'accepteront pas sans émotion des distinctions toujours flatteuses pour eux, et dont le véritable caractère n'échappera pas au bon sens des populations rurales. Elles y verront la haute estime dans laquelle on tient les nobles travaux des champs dans toutes les situations, et ne s'y livreront elles-mêmes qu'avec plus d'ardeur.

Venez donc, Messieurs, porter à tous vos consolations et relever nos malheureux agriculteurs de leur découragement. Ils n'ont pas été moins éprouvés qu'en 1856. A cette époque, des désastres plusieurs fois renouvelés avaient porté la désolation et la ruine dans nos fertiles vallées ; aujourd'hui, un fléau meurtrier est venu s'abattre sur nos campagnes et nous montrer une fois de plus, par une déception cruelle, que si l'homme, en arrosant la terre de ses sueurs, peut la disposer à recevoir les semences, c'est à Dieu seul, qui dispose des éléments, qu'il appartient, dans sa toute-puissance, de faire mûrir les moissons. Aussi l'homme des champs est-il naturellement religieux, car il sait, par de trop cruelles épreuves, que sans le secours de la Providence ses efforts seraient vains. Ah! Messieurs, puisse-t-il conserver longtemps le reflet de la foi naïve de ses pères et s'attacher à la terre qui le nourrit. Il y gagnera de se garantir de la corruption qu'engendre l'oisiveté dans les villes, qui déjà envahit les campagnes, et la société n'y perdra rien en sécurité. La première vertu de l'agriculteur est donc de se montrer ferme, courageux et persévérant, mais rien ne peut mieux le soutenir dans sa lutte de tous les jours, dans sa confiance et dans sa résignation, que la solennité de cette assemblée présidée par le représentant de l'autorité publique dans notre département, venant lui-même, assisté de tant d'hommes sympathiques et dévoués, témoigner par sa présence de la haute protection que le gouvernement de l'Empereur accorde à la plus utile, comme à la plus noble des professions.

Oui, Messieurs, ne cessons d'encourager et d'honorer l'agriculture. N'est-ce pas de nos campagnes que sortent ces bras robustes, ces cœurs vaillants et dévoués, invincibles sur le champ de bataille, humains et généreux après la victoire, qui viennent de porter si haut le drapeau de la France sur cette noble terre d'Italie, encore une fois rougie de sang français ?

Si donc il est vrai, Messieurs, que la France marche la première entre les nations dans la guerre ; s'il est vrai qu'elle ne le cède à aucune autre dans les sciences, les beaux-arts, le commerce et l'industrie, pourquoi lui reste-t-il encore tant de progrès à accomplir pour égaler plusieurs autres contrées de l'Europe dans les arts qui touchent à l'agriculture ? L'agriculture est pourtant la première de toutes les industries ; c'est elle qui garantit

l'existence des sociétés et la sécurité des gouvernements. C'est l'industrie la plus utile, la
plus morale, celle du plus grand nombre, qui
procure les jouissances les plus pures, toujours exemptes de remords. Pourquoi donc la
nation la plus intelligente est-elle, dans la pratique et les connaissances agricoles, en arrière
des autres nations ?

Cet état d'infériorité tient, sans aucun doute,
à ce que les grands propriétaires en France
n'habitent pas la campagne, ne se consacrent
pas à l'agriculture; à ce que les capitaux qu'on
jette si imprudemment dans des spéculations
de Bourse, au risque d'y engloutir l'honneur
et l'argent, manquent aux améliorations agricoles. Il n'est d'ailleurs personne qui ne soit
frappé de la rareté des bras pour les travaux
les plus pressants des exploitations rurales. Il
faut y voir une tendance malheureuse de la gé-
nération nouvelle qui dédaigne les paisibles
jouissances de la campagne pour se porter dans
les villes, où tant d'occasions de dissipation se
présentent à elle, et où le plus souvent la jeunesse consomme dans le désordre et en vaines
prodigalités le patrimoine de la famille. Il faut
s'en prendre trop souvent à l'aveuglement des
parents qui, eux-mêmes, ingrats et oublieux
envers la profession modeste qui a fait la joie et
le bonheur de toute leur vie, rêvent pour leurs

enfants une position supérieure, et les poussent ainsi fatalement vers leur ruine.

Il est temps, Messieurs, de se serrer en masse contre d'aussi funestes tendances. Certes, le gouvernement nous y convie par les larges récompenses qu'il décerne successivement, dans les diverses régions, chaque année, et par les avantages dont il vient encore tout récemment de doter l'agriculture en lui confiant les chevaux de l'artillerie. L'Empereur lui-même crée des exploitations modèles dans les contrées les moins favorisées, trace des routes, dessèche des marais, et, à peine de retour d'une campagne si glorieuse pour nos armes, autorise ou provoque des concours et des expériences qui se font sous ses yeux, dans le double but de développer, par des exemples venus de si haut, le goût des améliorations agricoles.

Redoublons donc d'efforts, Messieurs, et que sur tous les points de l'Empire, les Sociétés départementales, les Comices, les citoyens éclairés et dévoués, animés d'un même zèle, poursuivent un seul et même but, celui de doter notre pays de ce que j'appellerai *l'esprit agricole* : véritable et solide patriotisme qui n'est encore chez nous que le partage d'un bien petit nombre, et qu'il faut faire pénétrer dans les masses pour assurer le progrès de notre agriculture, rendre la condition du peuple meilleure en influant sur la production du sol, et enfin pour élever la *France agricole* au premier rang parmi les nations.

III

DISCOURS

DE

M. LE CURÉ DE PORT - SAINTE - MARIE,

A L'OCCASION

DE LA FÊTE DU COMICE AGRICOLE,

LE 25 SEPTEMBRE 1859.

Sine me, nihil potestis facere.
Sans moi, vous ne pouvez rien faire.

(Joan. XV, 5.)

Que cette austère parole ne vous offense pas,
Messieurs; elle descend des lèvres pacifiques
de N. S. J.-C. Elle ne renferme ni insulte ni
dénigrement. C'est un avertissement paternel,
un encouragement d'ami, adressé par le fort
au faible, par le riche à l'indigent, par l'Eter-

nel à l'être d'un jour, par Dieu à l'homme.
« Demeurez en moi, dit-il, et moi en vous :
« comme le sarment ne peut porter aucun fruit
« par lui-même s'il ne reste attaché à la vigne,
« de même vous si vous ne restez en moi. Je
« suis la vigne, vous êtes les sarments. Celui
« qui demeure en moi et moi en lui, celui-là
« porte beaucoup de fruit, car sans moi vous
« ne pouvez rien faire. » Voilà le texte entier,
Messieurs, la voilà, cette divine et féconde parole ! Au lieu d'hésiter à vous la redire, au sein
de la solennité que votre présence ramène
parmi nous, je ne sais pourquoi je la fais retentir avec tant de confiance. Ah ! sans doute
qu'un instinct mystérieux et sympathique m'a
dit intérieurement que vous la compreniez.
Vous êtes trop éclairés pour ne pas la compren-
dre, trop élevés pour n'en mesurer pas toute
la portée ; et certes, vous le prouvez bien,
chaque année, lorsque vous vous pressez pour
l'entendre autour de ces chaires qni n'ont jamais trompé leurs disciples, autour de ces
autels qui conseillent toujours bien leurs ado-
rateurs. *Sine me, nihil potestis facere.* Sans
moi vous ne pouvez rien faire.

Et cependant, Messieurs, vous voulez faire
quelque chose, je le sais ; vos comices ne sont
point de vaines parades. Vous voulez même
faire beaucoup, vous avez dans le cœur de no-

bles aspirations, et comme tout homme qui se trouve en présence d'une grande tâche, vous vous sentez petits malgré vos moyens, et vos pensées s'élèvent naturellement vers le père des lumières, vers l'auteur de tout don parfait. Je le crois bien, Messieurs ! Que voulez-vous, en effet ? Qu'est-ce que vous cherchez avec ce zèle, avec cette persévérance digne des plus beaux succès ? Ah ! nous n'avons, pour être fixés, qu'à jeter les yeux sur vos programmes, nous n'avons qu'à lire vos comptes-rendus.

Ce qui vous intéresse, ce n'est pas seulement la culture des champs, c'est aussi la culture des âmes, le règne du devoir, la sainte propagande de la vertu. Or, tout cela, comment s'appelle-t-il ? Le bien, le vrai bien et le salut des hommes, et la gloire de Dieu. — Le salut des hommes et la gloire de Dieu ! singulière connexion des choses. Vous avez commencé par l'agriculture et vous voilà presque au sacerdoce ! Comment se fait-il que vous ayez, en si peu de temps, parcouru tout ce chemin ? Quoi ! hier encore vous ne songiez, ce semble, qu'à soigner un brin d'herbe, et aujourd'hui vous en êtes à remuer l'Infini ? Ah ! c'est que l'Infini vous est apparu sous ce brin d'herbe ; on ne peut toucher à rien, dans l'univers, sans le rencontrer. Le soleil le porte dans son foyer glorieux, l'Océan le recèle dans ses abîmes, la terre le possède dans ses flancs et la nature entière n'est qu'une transpiration permanente de l'Infini. Vous, Messieurs, vous l'avez trouvé dans votre brin d'herbe, vous l'avez vu palpiter sous la germination silencieuse d'un grain de blé ; il vous est apparu comme principe, il vous est apparu comme terme, il vous est apparu comme moyen, et vos intelligences, religieuses nécessairement parce qu'elles sont droites, n'ont eu qu'à tirer la conclusion : sans lui nous ne pouvons rien faire. *Sine me, nihil potestis facere.*

Et, de fait, Messieurs, comment pourriez-vous, sans lui, faire votre œuvre, la faire complétement ? Vous ne vous êtes certainement pas mépris, vous n'avez pas cru qu'elle s'arrêtait aux plantes et aux animaux ; vous avez compris qu'elle avait plus d'étendue. Sans doute, l'agriculture est son premier objet, son objet direct, et celui-là seul est encore bien digne de vos sollicitudes, car l'agriculture est la base et le soutien de tout. Sans elle tout périt d'inanition : l'industrie s'étiole, les professions libérales chôment, l'administration se traine dans l'angoisse, la justice même ne rend que des arrêts paralysés. Avec elle, au contraire, tout fleurit, l'industrie s'étend et se perfectionne, les professions libérales fonctionnent avec abondance et régularité, l'administration prend des

allures larges et nobles. La force des pouvoirs
publics, le prestige des gouvernements, la confiance et la paix des peuples, tout puise là sa
vie. La prospérité de l'agriculture, c'est l'âge
d'or des nations. Mais elle a un autre aspect
plus grand encore. Ce n'est pas seulement la
vie corporelle qui perçoit le bénéfice des pros-
pérités de l'agriculture, la vie morale et spirituelle y trouve aussi largement son compte. La
pauvreté volontaire, le renoncement de fait aux
biens visibles est un admirable conseil évangé-
lique qui s'adresse individuellement à ceux que
Dieu prédestine à une plus haute perfection.
Mais les peuples, considérés comme tels, ont
besoin d'aisance et de paix pour que les esprits
ne soient pas absorbés par les soucis du temps,
au préjudice des intérêts éternels. Aussi l'Eglise,
qui sait bien ce qu'il nous faut, prie Dieu toujours pour la prospérité publique, afin, dit-elle,
que ses enfants puissent vivre tranquilles en
toute piété et chasteté. Voilà le terme de votre
œuvre ; tout ce que vous faites au profit de
l'agriculture tourne au profit de la tranquillité
publique, et par suite au profit du salut des
âmes dont vous multipliez les chances favora-
bles, et finalement au profit de la gloire de
Dieu. Sur ces données, Messieurs, qui de vous
se sent assez fort pour porter, sans l'aide de
Dieu, le poids d'une œuvre qui embrasse à la

fois la terre et le ciel, Dieu et l'homme? d'une œuvre qui contient en germe le bonheur de la vie présente et les félicités sans nom et sans mesure de la vie à venir? Non, non, vous ne le pensez pas, et avec cette humilité grave et réfléchie qui sied si bien aux âmes élevées, vous répétez comme moi : Sans vous, grand Dieu, nous ne pouvons rien faire. *Sine me, nihil potestis facere.*

Mais qu'est-ce à dire, Messieurs? Ne vous semble-t-il pas que je confonds les notions et que je mêle tous les personnages? Est-ce que, par hasard, je vous prendrais pour un premier degré de la hiérarchie sacrée? Est-ce que je vous croirais charge d'âmes, ou bien n'aurais-je élevé si haut vos attributions que pour rendre votre rôle plus inaccessible aux forces humaines et justifier ainsi, au moyen d'un paradoxe, un texte mal appliqué? Oh! nous nous entendons; je n'ai voulu que vous montrer tout le bien qui peut sortir de votre œuvre et vous dire par cela même tout le besoin que vous avez de vous appuyer sur Dieu. Je me hâte, maintenant, de descendre au niveau de vos seules prétentions directes. Vous n'êtes et ne voulez être que les promoteurs, les fauteurs, les protecteurs de l'agriculture, et dans ce cercle si restreint, ce semble, et si modeste, ne pouvez pas au moins quelque chose sans remuer l'Infini?

Non plus, Messieurs. Vous formulerez des méthodes, vous tracerez des règles, vous encouragerez des succès, vous honorerez le travail et la persévérance, mais il est une chose que vous ne ferez pas, que vous ne pouvez pas faire, et sans laquelle tout le reste n'est rien. Sans l'aide et l'assistance directe de Dieu, vous ne donnerez pas à l'agriculture la principale fortune qui lui manque : ce ressort, ce levier, cette force qu'elle cherche partout, qu'elle réclame à tous les vents du ciel, qu'elle implore par ses journaux, par ses livres, par la voix de ses apôtres, par les vœux de ses conseils généraux, ce qui, enfin, ne peut se remplacer par aucun système : des bras.

Des bras ! Ne voyez-vous pas combien ils deviennent rares? Dans ce mouvement ascensionnel de toutes choses, n'êtes-vous pas frappés de la diminution qui se fait sentir dans le nombre et dans l'énergie des bras? Voyez, voyez comme la source qui les produit s'affaiblit tous les jours et s'en va tarissant. Voyez comme dans les champs, aussi bien que dans les cités, les courants providentiels se détournent, voyez comme le fleuve des générations agricoles se traîne péniblement dans son lit désert ou profané!

D'un côté, le chiffre des mariages décroît sensiblement. J'en appelle à cet important rapport, émané de la plume forte et châtiée du magistrat qui vous préside et que nous avons lu naguère avec une si juste admiration, et certes, le mal doit être grand pour être signalé de la sorte par ces hautes sentinelles du bien public. Où en est la cause? La cause, ah! ne la cherchez pas ailleurs, elle est tout entière dans l'amoindrissement de l'idée chrétienne.

Depuis que la foi n'abrite plus les pensées du jeune homme, depuis qu'il ne s'inquiète plus du péché mortel, il recule devant les austères lois de la vie conjugale. On a beau la lui représenter comme la sauvegarde de sa vertu, comme le seul nœud légitime de continuité entre le passé et l'avenir, comme le seul moyen régulier de transmettre le dépôt sacré de la vie : ces belles considérations le touchent peu. Ce qu'il y voit, lui, ce sont des entraves pour sa liberté, et il n'en veut pas. Bornant à lui-même ses désirs et son horizon, une seule chose lui importe, une seule chose lui suffit, c'est de donner satisfaction à son égoïsme. Malheureusement il le peut, les facilités sont nombreuses et variées. Malheureusement aussi l'égoïsme du premier sexe n'est pas la seule barrière qui s'élève devant les autels du mariage; une autre barrière, plus formidable peut-être et plus dif-

ficile à franchir, c'est le luxe toujours croissant
et anti-chrétien du second sexe, car il effraie,
non sans raison, les vœux des prétendants. Et
si les choses vont de ce train, arrivera le jour
où nous ne verrons plus de mariages qu'aux
deux extrémités de l'échelle : chez le million-
naire qui peut tout affronter, et chez le pro-
létaire qui n'engage rien.

D'un autre côté, le fils du laboureur, si tant
est que le laboureur ait un fils, se voit souvent
fils unique. Il ne partagera pas avec des frères
ou des sœurs le fruit des sueurs paternelles. Il
peut en disposer seul et il en trouve assez pour
s'élever au-dessus de sa condition première.
La redingote de l'employé le fait rougir de sa
veste de bure. Il aspire à l'honneur des villes,
et la vanité de sa mère et la faiblesse de son père
conspirant avec ses illusions d'enfant, il prend
en dégoût la bêche, la chaumière, les bœufs, et
bientôt il y a là un commis de plus, un agriculteur de moins. Ainsi les bras s'en vont. Ceux
qui restent se prévalent de leur petit nombre
et font la loi. Le temps peut venir où l'avidité
du salaire épuisera la puissance du revenu, et
alors ce sera fait de l'agriculture. Ni les machines, ni les méthodes, ni l'éclat et l'honneur des
primes, rien ne pourra la relever de ses pros-
trations.

Voilà le mal, Messieurs. Où trouverez-vous le remède? Il y a quelques jours, je lisais avec une attention religieuse et mêlée de quelque perplexité, la série des vœux émis, cette année, par les Conseils généraux de France. Quelques-uns appelaient l'attention du Gouvernement sur ces dangers de l'agriculture, et le sollicitaient de prendre des mesures pour les conjurer. Des mesures, sans doute; mais quelles? Frapper, disait-on, des médailles agricoles, perfectionner les machines, employer l'armée aux grands travaux d'utilité publique, diminuer le nombre des cafés et des cabarets. J'en conviens, Messieurs, c'est bien là quelque chose; mais ce quelque chose, voulez-vous me permettre de l'appeler de son vrai nom? Palliatif, vrai palliatif. Vous tournez autour de la solution, vous n'y entrez pas. Vous vous trompez d'adresse, honorables assemblées; ce n'est pas le Gouvernement, c'est la conscience qui donne des bras. Remontez donc plus haut que le Gouvernement, plus haut que ses illustres ministres, plus haut même que notre glorieux Empereur. Si éclairé, si dévoué soit-il à la prospérité publique, il ne peut rien contre ce mal sans le secours de Dieu. *Sine me, nihil potestis facere.*

Savez-vous à qui il faut adresser vos vœux? Ecoutez la nature entière; elle vous crie par ses mille voix : Rends-moi mon Dieu et tu auras ton pain. Dieu seul peut agir sur la conscience ; lui seul, par conséquent, peut féconder la source des générations agricoles ; lui seul peut en retenir, dans leurs voies providentielles, les courants fertilisateurs. Sous l'influence de sa grâce, le mariage redeviendra sacré. Honoré en soi comme un sacrement, recherché comme le seul refuge acceptable contre les orages du cœur, respecté dans ses mystérieuses expansions comme une institution divine, il se prendra lui-même au sérieux, et, regardant avec foi le type surnaturel qui lui est offert dans l'alliance du Christ avec son Eglise, il ne se lassera plus de donner au Christ et à son Eglise des enfants à régénérer pour soumettre la terre et peupler le ciel.

Tant que Dieu n'interviendra pas dans vos combinaisons, souffrez que je le répète, vous ne ferez que rôder autour de la question et vous épuiser dans le vide.

D'autant qu'il ne suffit pas, Messieurs, d'assurer à l'agriculture une existence quelconque, il faut aussi la sauver de l'abjection qui commence à l'atteindre. De l'abjection ! que le mot ne vous semble pas trop dur. N'est-ce pas de l'abjection, en effet, que cette déroute de tous les principes dont les signes se révèlent menaçants parmi les générations nouvelles ? Trouvez-vous beaucoup de vénération pour l'autorité, beaucoup d'estime, de respect intime pour la loi, beaucoup de foi aux autels, beaucoup de sympathie pour le foyer? Ne rencontrez-vous pas la discussion ouverte sur toute la ligne, disséquant tous les prestiges avec un terre-à-terre d'idées, avec un cynisme de langage qui met en fuite la pudeur, déconcerte l'intelligence et décourage le dévouement? D'où vient cette arrogance qui se carre partout à la place de la dignité du caractère? D'où vient cette défiance incurable pour toute supériorité? D'où vient cette sourde envie pour tout succès qui grandit le prochain ? D'où cela vient, Messieurs; de la déroute des principes, de l'abjection des âmes qui ne communiquent plus avec Dieu. On serait tenté de croire, quelquefois, qu'il n'y a plus debout qu'une crainte et qu'un amour : la crainte du procès-verbal et l'amour de l'argent. La crainte du procès-verbal parce qu'il mène à la prison, l'amour de l'argent parce qu'il donne le plaisir et l'importance. — O vous, Messieurs, vous les amis, les patrons, les pères de l'agriculture, tendez-lui la main dans ce désarroi et relevez sa dignité en protégeant son existence : Rendez-lui son Dieu.

Rendez-lui premièrement son ancien dimanche. Rendez au laboureur sa prière du soir, sa foi au monde invisible, sa piété pour les morts et ses espérances d'outre-tombe. Montrez-lui

son Dieu fait homme, vivant, par choix, dans le
travail, dans la médiocrité, dans la simplicité
des campagnes, loin du faste et de l'ambition.
Qu'il l'adore, non-seulement comme Créateur et
Sauveur, c'est facile, mais aussi comme modèle
et comme juge, c'est essentiel. Que l'éternité lui
apparaisse aux frontières du temps avec son al-
ternative inexorable de peines ou de rémunéra-
tions. Qu'il y croie bien, et nous croirons alors
en l'avenir de l'agriculture. Il aimera son état
parce qu'il le verra plus semblable à celui de
l'Homme-Dieu, parce qu'il y trouvera plus de
chances de salut et moins de dangers pour son
âme. Il en appréciera mieux, sous le rapport
temporel, la modeste et précieuse indépendance,
et sans devenir plus hautain, il deviendra meilleur. A son cœur pur se révèleront au moins
vaguement l'économie de la Providence et les
mystères de charité fraternelle que Dieu a ca-
chés dans la diversité des états, et ainsi tout
reverdira sous la rosée de la grâce divine. Rendez, Messieurs, rendez son Dieu à l'agriculture.
Alors vous aurez tout fait pour elle, car vous
lui aurez donné de la conscience et des bras.
Elle vous devra sa force physique et morale, ses
progrès et son honorabilité.

Et ne nous laissons pas effrayer par les difficultés de l'entreprise. Si nous ne pouvons rien
sans Dieu, avec Dieu nous pouvons tout. Mar-

che, je suis avec toi, disait-il un jour à un grand capitaine (Judic. VI, 12). Marchons, il est avec nous. Marchons, c'est sa volonté, c'est notre loi. Retenons-le près de nous par la prière; attirons les autres vers lui par l'exemple de notre religion et de nos vertus. L'exemple, l'exemple! C'est l'exemple qui a fait tout le mal : c'est l'exemple qui fera tout le bien. Hélas! il faut bien le dire, si le mal est à la base, nous savons bien qu'il n'y a pas germé. Il y est descendu; il avait pris naissance au sommet. Pendant un siècle entier toutes les batteries de la science, du génie et de l'or, dressées sur les hauteurs sociales, n'ont cessé de vomir contre l'Eglise de Dieu la mitraille de leurs mépris, de leur persiflage, de leurs calomnies, de leurs séductions, de leurs persécutions. Bafouée dans ses dogmes, conspuée dans sa morale, insultée dans sa hiérarchie... vous vous êtes vu, ô ma mère, comme le Christ, jeter sur les épaules un vieux haillon et livrer ainsi à la dérision des masses. Et les masses ont ri, et aujourd'hui elles ne rient même pas, elles vous délaissent! Elles vous délaissent pour leur malheur et la ruine de tous! et cependant, vous seule pouvez les sauver si elles peuvent encore être sauvées. O Mère, que vous avez donc à souffrir! Mais pourquoi se plaindre? Le Christ, votre époux, vous l'a prophétisé. La souffrance, c'est pour vous la vie et la grandeur. Regardez donc, chrétiens! Ah! qu'il est beau de voir son auguste chef, notre saint Père le Pape, ce roi plein de mansuétude, comme disait, il y a huit jours, le Concile d'Agen, ce vicaire de J.-C. souffrant, flagellé par des ingrats et couronné d'épines, qu'il est beau de le voir, cerné par un débordement de tribulations ineffables, élever au-dessus des flots et montrer au monde cette calme et vénérable figure du Christ persécuté! O père commun des chrétiens, ô notre père, ô mon père! Ma pauvre voix expirera bien loin du sanctuaire confident de vos douleurs, mais j'aurai ouvert mon cœur dans l'assemblée de mes frères, et je serai content. Père! justifiez, justifiez toujours ce mystérieux surnom que vous attribua, dit-on, une antique prophétie : *Crux de cruce.* Priez pour vos cent cinquante millions d'enfants, surtout pour les plus aveugles. Ils trouvent, les insensés, qu'il y a sur votre tiare une couronne de trop et ils veulent l'abattre! Eh bien! s'ils l'abattent, vous la remplacerez par celle du martyre, et la couronne d'un martyr vaut bien, je pense, la couronne d'un roi; et quand il ne vous resterait que la couronne d'épines du Sauveur Jésus, vous n'en serez pas moins toujours le roi universel de toutes les âmes prédestinées.

Revenons, Messieurs, revenons à l'Eglise, revenons à sa foi, à sa morale, à ses sacrements, à sa discipline, à ses offices, à sa direction spirituelle. C'est dans ce bercail unique que se sauve, au spirituel et au temporel, le troupeau entier des croyants. Voyez avec quel zèle nos premiers pasteurs s'efforcent de vous y ramener. N'entendez-vous pas tous les échos de la province retentir encore de la grande voix du Concile d'Agen? Ah! je puis le dire, ici, je suis sûr de n'offenser personne, les voilà, les vrais conservateurs, les évêques! Ils ont engendré la France dans les jours anciens et ils l'aiment d'un amour de père. Elle est leur fille à tous les titres, et leur sollicitude, émue des dangers qu'elle court, voudrait lui rendre, par la foi, son élément de vie propre et essentiel. Aidons, Messieurs, à l'accomplissement de ce grand œuvre, aidons-y par tous les moyens, et puissions-nous enfin, pour prix immédiat de nos efforts, entendre les mille voix de la nature nous crier dans leur reconnaissance : *Tu m'as rendu mon Dieu, tu auras ton pain.* — AMEN.

IV

RAPPORT GÉNÉRAL

SUR

LES PRIMES DÉCERNÉES PAR LE COMICE AGRICOLE

DE L'ARRONDISSEMENT D'AGEN

EN 1859 ,

PAR

M. ERNEST DE BRONDEAU,

Propriétaire,

Les deux cantons d'Agen et de Port-Sainte-Marie concouraient, cette année, pour les primes décernées par le Comice.

La Commission chargée de visiter les propriétés des concurrents et de constater leurs titres, était composée de MM. Bonhomme, Moreau du Chicot, de Garin et de Brondeau ; je viens en leur nom rendre compte de leurs travaux.

L'article premier du programme promet une prime à l'exploitation la mieux dirigée dans son ensemble, entretenant, relativement à sa surface, la plus forte proportion de meilleur bétail et réunissant aussi la plus grande quantité de cultures fourragères.

Beaucoup de concurrents se sont présentés et voici leur classement par ordre de mérite :

M. GAUBERT exploite à Lafleyte, commune du Pont-du-Casse, un bien de 30 hectares, ainsi divisé : 24 hectares en terres arables, 2 hectares 20 en pré, 2 hectares en vigne, et le restant en bois.

Ses terres sont argileuses et reposent les unes sur le calcaire et les autres sur la marne. M. Gaubert suit le système biennal pour les champs où se trouvent les plantes sarclées et triennal pour ceux où sont les prairies artificielles ; il nourrit sur sa propriété dix-neuf têtes de bétail et un cheval. Ses bœufs de travail sont bien entretenus ; ils sont de forte taille et de belle race ; tous ses élèves, remarquables par leurs formes et leur croissance précoce, donnent les plus grandes espérances.

M. Gaubert a l'habitude de réformer tout élève qui n'annonce pas de la vigueur pour l'avenir ; bon exemple qui devrait être suivi par tous les éleveurs dans l'intérêt de l'amélioration des races.

Sa grange est vaste, bien aërée, mais mal construite ; le marche-pied surtout est beaucoup trop élevé ; il fait prendre au jeune bétail une fausse position qui ne doit pas être sans influence sur le développement de l'arrière-train de l'animal. Il se propose de le reconstruire, et sa belle exploitation exige une telle dépense.

Le drainage a été exécuté en grand ; on s'est servi de la pierre extraite dans les pièces voisines ; cette opération était très-nécessaire, car on voit pousser avec vigueur, dans certaines parties de ses champs, la prêle à queue de cheval, plante qui dénote toujours la présence de l'eau dans les couches inférieures.

De vastes transports de terre ont été effectués ; ils ont été tellement réitérés sur certains points, que la nature du terrain a entièrement changé et des terres de cinquième classe sont maintenant converties en sols de première et de seconde.

La chaux du gaz est employée avec succès sur les prairies artificielles, et c'est en partie à l'initiative de cet agriculteur qu'est dû en nos contrées l'emploi de cet engrais qui produit des résultats si avantageux.

Les prairies artificielles sont en harmonie avec l'ensemble de l'exploitation ; elles se composent de 1 hectare de grande luzerne, de 3 hectares de sainfoin et de 3 hectares de trèfle de Hollande. Sa prairie naturelle, d'une contenance de 2 hectares 40 ares est en bon état et irriguée par les eaux pluviales qui s'échappent des pièces.

Les terres labourables sont largement fumées avec le fumier produit sur la propriété, aussi les revenus ont subi un fort accroissement ; sur seize hectolitres de semence, on recueille en moyenne 200 hectolitres de blé, rendement fort élevé pour des terres médiocres.

Le nombre des animaux nourris sur ce bien, ses vastes prairies artificielles, les grands transports de terre, le drainage et les difficultés sans nombre qu'on a été obligé de surmonter pour réparer des terrains à pentes très-rapides, nous ont paru réunir toutes les conditions exigées par le programme ; en conséquence, le Comice décerne à M. Gaubert une médaille en or, de la valeur de 120 francs

M. Léaumont, second lauréat, est propriétaire dans la plaine du Lot, près d'Aiguillon, du bien de Rieubec, d'une contenance de 18 hectares 87 ares. Le métayer Péjac en exploite, sous sa direction immédiate, la plus grande partie, sauf une contenance de 3 hectares 60 ares, dont moitié sert de réserve au propriétaire, et le restant est affermé par parcelles pour la culture du chanvre.

Les terres sont siliceuses et de bonne qualité ; la partie qui se trouve entre la maison et le Lot est d'excellente nature ; enrichie très-souvent par les dépôts limoneux de cette rivière, elle est très-propice à la culture du chanvre. Celles qui se trouvent dans la partie supérieure, et c'est la plus grande quantité, sont beaucoup plus légères ; elles reposent sur des couches de grave, et en certains endroits, la terre végétale a très-peu de profondeur ; aussi, les arbres fruitiers, vigoureux les premières années, dépérissent bien vite, dès que les racines atteignent cette couche aride, où elles ne trouvent plus de subsistance.

L'assolement est biennal pour les céréales, toutes les autres récoltes alternent et ne reviennent que tous les quatre ans. Dix-sept têtes sont nourries sur la propriété. De ce nombre se trouvent cinq vaches bretonnes dont le lait est vendu avec avantage à Aiguillon, et quatre chevaux qui servent aux petits travaux de l'exploitation.

Les bœufs sont remarquables par leur haute taille et leur embonpoint, les vaches de travail sont belles et bien tenues, les vaches laitières, réunissant toutes les marques distinctives pour la production lactifère, sont de bon choix et le luisant de leur robe dénote tous les soins dont on les entoure.

Les granges laissent beaucoup à désirer ; ce sont de vieux bâtiments très-étroits et fort mal aérés ; M. Léaumont se propose de les reconstruire dans quelque temps. Il n'emploie pour ses engrais que le fumier de ses étables, et il fume ses champs tous les quatre ans, à raison de 32,000 kilo. par hectare; il met aussi, tous les deux ans, une demi fumure sur les plantes épuisantes. Pour les prairies artificielles, il emploie le plâtre de Réaup, qu'il répand à raison de 400 kilo. par hectare.

Chez lui, le premier labour s'effectue toujours en planche avec la grande charrue Dombasle ; les autres se font avec des charrues ordinaires en fer, suivies d'une fouilleuse qui ouvre profondément le sillon. Pour herser, il emploie la herse Valcourt. Nous avons vu avec plaisir qu'on n'employait dans cette exploitation que des instruments d'une valeur éprouvée.

De grands transports ont été faits pour niveler les pièces et donner de l'écoulement aux eaux. Exécutés depuis vingt ans, ils peuvent être évalués en moyenne à un millier de tombereaux par an. De fortes levées ont été construites pour préserver les pièces qui avoisinent le Lot.

C'est principalement aux profonds labours et à l'abondance des fumiers que s'est procuré M. Léaumont par ses prairies artificielles, qu'est due l'amélioration de cette propriété sur laquelle, autrefois, quatre têtes de bétail étaient nourries avec peine; les produits ont augmenté dans de fortes proportions, ils s'élèvent en moyenne à une somme de neuf mille cinq cents francs, chiffre énorme pour dix-huit hectares.

Ce résultat est dû aussi à la culture raisonnée du propriétaire qui, après avoir amélioré ses champs, s'est mis à cultiver en grand des plantes à produits lucratifs, telles que le tabac, le colza et le chanvre.

Le Comice alloue à M. Léaumont une médaille en or de 100 francs.

Mme LABAT, dont le zèle infatigable pour l'agriculture est au-dessus de tout éloge, ayant exploité un certain temps par maîtres-valets une métairie de son beau domaine de Cambes, qui, grâce à son initiative éclairée et à l'assolement rationnel qu'elle avait adopté, donne maintenant de magnifiques produits, s'est décidée à appliquer le même système à la métairie la plus rapprochée de son château.

Placée sur un plateau qui domine la riche

vallée du Pont-du-Casse, sa nouvelle exploitation est d'une contenance d'environ 30 hectares, dont 20 hectares de terres arables, quatre
de pré et six de vignes ; les terres en général
sont d'une nature médiocre (argilo-siliceuses),
et le sous-sol est perméable dans sa plus grande
partie.

Mme Labat a adopté l'assolement triennal dans
toute sa rigueur, c'est-à-dire un tiers blé, et
les deux autres tiers, plantes sarclées et prairies artificielles.

Au lieu de quelques animaux chétifs qu'on
voyait autrefois, il y a dans la nouvelle grange
douze têtes de bétail ; une paire de bœufs, deux
paires de belles vaches et six élèves, le tout de
bonne race et en bon état. Mme Labat ne recu-
lant devant aucun sacrifice, a voulu introduire
dans son domaine la race porcine anglaise ; à
cet effet, elle a fait construire une belle porche-
rie où l'on voit un verrat Berkshire et une fe-
melle Windsor ou Prince Albert, avec huit
porcelets.

On a fait de nombreux transports de terre,
employé comme amendement la chaux du gaz
et le plâtre, et essayé en quelques endroits l'éco-
buage qui a donné d'assez bons résultats.

D'abondantes fumures sont faites sur les
terres labourables avec le fumier de l'étable, de
vastes défrichements de bois ont été exécutés

et promettent dans un certain temps de bonnes terres pour l'exploitation.

Les prairies naturelles sont bien tenues, et une partie est irriguée avec soin par la belle source qui sort des bosquets du château. La grange, reconstruite à neuf et dans de belles dimensions, est bien aérée et proprement tenue ; aussi, grâce à la diligence éclairée de M⁰ᵉ Labat, cette métairie qui ne rendait que de faibles produits commence à donner dix pour un, résultat très-avantageux obtenu en bien peu de temps.

Le zèle intelligent, l'impulsion vive et soutenue de Mᵐᵉ Labat ont produit avec rapidité des changements notables dans son exploitation, mais ils ne peuvent pas encore être comparés aux résultats obtenus à force de persévérance par les deux premiers lauréats. Mᵐᵉ Labat ayant obtenu dans le dernier concours la troisième prime, la Commission regrette de ne pouvoir pour le moment lui en décerner une plus élevée et, conformément aux règles adoptées par le Comice, elle rappelle la médaille d'or de 100 fr. qui lui fut accordée le 21 septembre 1856.

M. MAILHÉ, propriétaire du bien de Chantilly, commune de Foulayronnes, d'une contenance de 23 hectares, dont 16 en terres labourables, et 2 hectares 55 en prairies naturelles, a adopté, après vingt ans d'essai, un assolement de neuf ans sur lequel le blé revient trois fois et l'avoine deux.

Malgré le reproche fondé qu'on peut lui adresser (puisque deux céréales se succèdent immédiatement), ce sytème a produit de bons résultats chez lui; ses terres sont débarrassées de mauvaises herbes; on ne voit pas d'avoine folle dans ses champs; ses blés sont en général plus beaux et surtout bien plus propres que ceux de ses voisins.

M. Mailhé fait peu de transports de terre, et c'est à son assolement qu'il attribue l'amélioration de sa propriété, sur laquelle autrefois un colon partiaire vivait avec peine; il n'a ordinairement que six têtes de bétail dans sa grange, et cette quantité est bien faible pour l'étendue de son domaine. Qu'il augmente à l'avenir ses prairies artificielles et ses bestiaux, qu'il exécute de grands transports de terre, et il aura des succès assurés dans le prochain concours.

Ses récoltes étant semblables à celles de 1856 et aucun changement notable n'étant constaté, le Comice rappelle la médaille d'argent donnée le 21 septembre de la même année.

Le sieur *Pierre* CARRÈRE, à Laillé, cultive avec son père, une contenance de 5 hectares

20 ares; ses terres, situées sur des pentes rapides, sont composées d'argiles calcaires d'une qualité assez mauvaise.

Il suit l'assolement biennal dans les champs où il n'y a pas d'arbres fruitiers, et triennal dans les cances. Sa grange contient six têtes de bétail en bon état. Ses terres sont bien travaillées, ses labours sont profonds et ses transports considérables.

Les rangs de vigne qui entourent la propriété sont complantés d'arbres fruitiers, et travaillés avec un soin tout particulier. Piquetées et minutieusement épamprées, ces vignes, qui sont fort jeunes, font le plus grand honneur à l'activité intelligente du sieur Carrère, et l'indemniseront sans tarder des peines qu'il s'est données.

L'ordre et la propreté la plus remarquable règnent dans toute l'exploitation. Ce petit bien si soigneusement tenu ne pouvait qu'attirer l'attention du Comice; aussi s'empresse-t-il d'honorer d'une distinction le travail persistant d'un jeune homme qui, malgré le voisinage de la ville et toutes ses tentations, préfère consacrer ses loisirs et ses soins à la culture de son patrimoine.

En conséquence, il décerne au sieur Carrère, une médaille d'argent et soixante francs.

Le sieur *Bernard* Delbosq exploite, en qualité de métayer, le bien de Hauret, d'une contenance de quinze hectares, appartenant à M. Romec, juge de paix d'Astaffort.

Dirigeant de père en fils cette ferme, berceau de leur famille, Bernard, par son initiative éclairée et sa diligence peu ordinaire, a réparé avec succès la propriété de son maître, éloigné momentanément de l'endroit par ses fonctions publiques.

Les terres arables, fortement améliorées par de nombreux transports de terre, ont, en quelque sorte, changé de nature; les vignes, bien dirigées pour la taille et travaillées en temps opportun, donnent des produits considérables et de première qualité; aussi, en moyenne, ce bien produit 70 barriques de vin et de 80 à 100 hectolitres de blé sur 6 hectolitres de semence. Pour la culture du tabac, le sieur Delbosq a toujours reçu des encouragements de la part des employés de cette administration.

La grange, trop petite pour cette exploitation, a besoin d'être reconstruite. Elle ne contient que deux paires de belles vaches, ce qui est peu pour la contenance; le chai, bâtiment assez vaste, est propre et bien tenu.

Le sieur Delbosq, par ses économies et le seul fruit de son travail, a acheté une propriété de vingt-cinq mille francs, qu'il a payée comptant.

Il y a mis un métayer, préférant continuer de résider dans la maison qui l'a vu naître. Cet amour en quelque sorte filial pour le bien qui a fait sa fortune, lui fait le plus grand honneur, et ces actes de reconnaissance sont si rares dans notre siècle, qu'ils méritent d'être cités.

Le Comice lui accorde, pour le récompenser, une médaille d'argent et cinquante francs. Il en décerne également deux autres, *ex æquo*, aux deux cultivateurs suivants :

Le sieur BRODOUX est fermier de la faisande de Labourdette, dans la commune de Port-Sainte-Marie, d'une contenance de 6 hectares 20 ares. Située dans la plaine de la Garonne, ses terres sont d'excellente nature et reposent sur un sous-sol très-perméable.

Vivement secondé par sa femme et ses trois filles, Brodoux s'est dévoué avec ardeur à la culture de ce petit bien. Ses tabacs et ses menus grains, débarrassés par des sarclages réitérés des plantes nuisibles, présentent une vigueur peu commune.

Ses rangs de vignes échalassés avec soin sont bien entretenus; ses blés, légèrement versés, ont des épis magnifiques promettant une assez bonne récolte.

Sa grange contient quatre têtes, deux bœufs et deux vaches remarquables par la beauté de leurs formes ; le sieur Brodoux ne garde pas longtemps le même bétail ; doué d'une aptitude toute particulière pour les ventes et les achats, il vend souvent, et réalise ainsi de très beaux bénéfices.

Ses terres labourables, abondamment fumées, donnent de grands produits. Sur une semence de 2 hectolitres et 2 quarts, il récolte, année moyenne, 90 hectolitres de blé, et il a souvent retiré des 6 hectares 20 ares qu'il a en ferme, plus de trois mille francs de revenu.

Le sieur *Pierre* LABRUNIE cultive, depuis six ans, la métairie de Sulpech, près Saint-Cirq, d'une contenance de 16 hectares, appartenant à M. Miramont, boulanger d'Agen. Composée en général d'argiles de bonne nature, sur un sous-sol imperméable, cette propriété aurait besoin d'être fortement drainée.

Son assolement est biennal ; ses terres sont bien labourées et bien hersées. Huit têtes de bétail sont nourries sur le bien : deux paires de bœufs, une paire de vaches et deux élèves. Les bâtiments qui composent la grange sont très-délabrés et ont besoin d'être reconstruits.

Les prairies naturelles n'ayant qu'une contenance de 50 ares, Labrunie est forcé, pour nourrir ses bestiaux, d'avoir recours aux prairies artificielles ; ses terres, beaucoup trop humides, sont en général peu propices à ces cultures; aussi sa grange est peu approvisionnée et son bétail peu vigoureux.

C'est principalement sur les transports de terre que s'est portée toute son activité; les bouts des pièces largement défoncés témoignent de sa diligence; six mille tombereaux ont été transportés dans l'espace de cinq ans, sur une surface d'un hectare cinquante ares.

1,450 mètres de drainage ont été exécutés dans l'espace de quatre ans, sans presque aucun déboursé de la part du propriétaire; c'est quelque chose, mais c'est bien peu dans un bien où il en faudrait des milliers. On voit partout le tussilage croître avec vigueur, et cette plante indique toujours les parties marécageuses.

M. Miramont lui fournit, à titre d'encouragement, huit mètres cubes de fumier provenant de son écurie ou acheté à ses voisins; aussi, grâce à ces engrais et au travail soutenu de Labrunie, le bien de Sulpech a totalement changé d'aspect; ses blés ont acquis de la force, et onze hectolitres de semence en donnent maintenant cent dix, chiffre élevé par rapport à l'ancien produit.

L'article 8 promet une prime aux défrichements et à la mise en valeur de terres incultes.

Ce prix revient de droit à M. d'Imbert de Mazères, maire de Port-Saint-Marie.

Affranchi des soucis que suscitent toujours les hautes fonctions publiques, il s'est voué avec une ardeur toute juvénile à l'embellissement de sa délicieuse propriété, et il déploie dans l'amélioration de son domaine le même zèle, la même activité qu'il mettait autrefois dans l'administration des départements de la Vienne et de Vaucluse.

Son potager, parfaitement tenu, renferme toutes les nouveautés que l'habile culture de nos jardiniers découvre, sa collection d'arbres fruitiers de moyenne taille est composée d'espèces remarquables ; tout chez lui témoigne de son zèle pour introduire dans son pays tout ce qui peut en augmenter la richesse.

L'administration du Midi, se trouvant dans la nécessité de mettre son chemin de fer à l'abri des inondations de la Garonne, a fait en beaucoup d'endroits des terrassements considérables ; aussi, voit-on le long de son tracé de vastes emprunts de terre faits dans les champs voisins. Une excavation énorme a été pratiquée dans une pièce de M. d'Imbert de Mazères. Sa profondeur et la hauteur du talus étaient si considérables, qu'il y avait lieu de craindre qu'à la saison des pluies, la pesanteur des terrains supérieurs amenât un éboulement qui, dans son mouvement de descente, aurait pu entraîner les bâtiments d'exploitation, situés dans cette direction.

Pour prévenir un tel accident M. d'Imbert s'est décidé à remblayer et niveler son terrain , et il a entrepris un travail en quelque sorte gigantesque pour un simple particulier. Du 28 mai 1857 au 6 mars 1858, il a tenu de nombreux ouvriers pour l'extraction des roches et le transport des terres, et après une dépense de 5,297 fr. 75 c., il est parvenu à donner une pente uniforme à une contenance d'un hectare cinquante centiares , qu'il a complantée en chasselas avec des rangs d'abricotiers et de pruniers de reine Claude.

La vigueur exceptionnelle de la vigne, la pousse extraordinaire des arbres fruitiers, la végétation luxuriante de toute cette plantation a pleinement répondu aux espérances que donnait un terrain aussi bien préparé, et, dans quelques années, M. d'Imbert sera amplement rémunéré, par le revenu, des dépenses considérables qu'il a faites et devant lesquelles grand nombre de personnes auraient reculé.

Ce beau travail mérite un encouragement ; aussi le Comice décerne à M. d'Imbert de Mazères une médaille d'or de cent francs.

Aujourd'hui que nos contrées sont sillonnées par des chemins de fer qui nous rapprochent des grands centres de populations, ne serait-il pas rationnel d'unir à la production des céréales la culture des fruits de table, dont la maturité devient si complète sous notre beau climat ; mais pour tenter de pareilles entreprises, il faut être hardi et audacieux ; malheureusement les agriculteurs le sont fort peu. Il faut compter surtout sur la devise tant prônée par les heureux spéculateurs du siècle *(audaces fortuna juvat)*. M. LAVIELLE, propriétaire à la Chapelle, près le Port-Sainte-Marie, a eu confiance en elle, et ses succès ont dépassé ses espérances.

Voyant les résultats avantageux obtenus par ses voisins dans la culture de quelques rangs de chasselas, il s'est décidé à exploiter en grand ce raisin dont la consommation augmente tous les jours.

Dans un enclos situé sur les bords de la Garonne et composé de bonnes terres d'alluvion, il a planté ses chasselas sur trois rangs, espacés les uns des autres d'environ un mètre. Entre chaque trois rangs se trouve un espace libre qu'on peut labourer et dans lequel on peut cultiver des céréales ou du fourrage pour le bétail.

Un fort piquet soutient chaque pied, et sur cet appui reposent des tonnelles artistement construites ; elles sont cylindriques, et ont vers le sommet un mètre cinquante de hauteur. Les pieds de vigne étant bien soutenus et puisant dans la bonté du sol une nourriture très-substantielle, ont une végétation magnifique, et les raisins, se trouvant bien aérés, acquièrent cette belle teinte dorée que recherche avant tout le consommateur.

Sur trois hectares ainsi complantés, M. Lavielle, a vendu en 1858, 75,000 kilo. de chasselas, à 10 francs les 50 kilo., ce qui lui a produit une somme de 15,000 fr., et les gelées précoces de l'automne en ont fait perdre pour 2,000 fr. au moins. En défalquant 2,000 fr. pour les menus frais de culture, M. Lavielle, malgré ses pertes, a retiré 13,000 fr. de ses trois hectares.

Voici une circonstance qui mérite d'être citée et qui prouve combien il est nécessaire d'étudier avant tout son terrain. M. Lavielle avait intercalé dans ses plantations quelques rangs de pruniers ; en peu de temps, ils étaient devenus énormes et ne rapportaient aucun fruit ; tout s'en allait en vigueur. Frappé de cet inconvénient, il se décide, malgré leur beauté, à les arracher et les remplace par une centaine d'abricotiers qui, à la cinquième année, ont donné un revenu de 600 fr. et promettent, pour l'avenir, de payer tous les frais de culture de son beau vignoble,

Le Comice a pensé que d'aussi beaux résultats devaient être encouragés et il a créé une médaille exceptionnelle en or de la valeur de 100 fr. qu'il accorde à M. Lavielle.

La Commission s'est transportée à Lalande, chez M. DE LAFFORE, pour visiter la culture des céréales en lignes, expérimentée en grand par le sieur *Vincent* LUCANTE. Cette propriété, convertie dans sa totalité et pendant un certain temps en prairie artificielle, a donné, dans les premières années du défrichement, des récoltes de toute beauté ; mais après quatre à cinq ans d'ensemencement successif en blé, l'avoine-folle a envahi la plus grande partie des pièces.

Pour se débarrasser d'un ennemi aussi redoutable, le sieur Lucante a proposé de cultiver quelques champs en lignes assez espacées, pour faire en tout temps de nombreux sarclages et appliquer au blé la même culture et les mêmes soins qu'au maïs.

On peut donner au blé ainsi semé deux labours différents : un pour ouvrir le sillon, l'autre pour le refermer, et dans cette condition, le sarclage est vite exécuté. Le blé semé en ligne, comparé à son voisin semé à la volée, était bien plus vigoureux, les épis paraissaient mieux fournis. Quant à la différence du rendement, soit dans la gerbe, soit dans le grain, elle a été en faveur du premier, mais le produit n'a pas été assez supérieur pour conclure en faveur de ce nouveau mode de culture.

Cette manière de semer peut être très-avantageuse pour nettoyer les terres infectées d'avoine folle ; mais ne serait-il pas difficile de la mettre en pratique dans une grande exploitation ; elle aurait de grands inconvénients dans les printemps pluvieux, où il y a quelquefois impossibilité d'entrer dans les champs. On ne pourrait, dans ce cas, faire ses labours qu'en avril ou mai, et à cette époque, le blé monte rapidement et souffre pour peu qu'on le touche.

Cette culture qui, au premier coup d'œil, donne à penser qu'on pourrait, par son adoption, semer tous les ans du blé sur le même terrain en alternant les lignes, avait été mise en pratique par quelques fermiers de l'Ecosse ; ils furent forcés de l'abandonner par la raison que j'ai citée plus haut, et à cause de la difficulté des labours qui exigent de la part de celui qui tient la charrue une attention constante, afin de préserver de toute atteinte une plante aussi fragile que le blé.

Cette expérience, tentée par l'initiative du sieur Lucante, dénote une organisation toute spéciale pour les essais agricoles ; aussi, le Comice, pour l'encourager, lui alloue une médaille d'argent de 25 francs.

Le paragraphe 10 promet des primes aux bons serviteurs ruraux, aux vétérans de l'agriculture.

La tâche du Comice devient bien sympathique et bien douce, lorsqu'il s'agit de couronner dans les fidèles compagnons de nos labeurs la bonne conduite, l'ancienneté des services, l'amour et l'aptitude pour le travail, et la moralité surtout, vertu qui devrait régner en souveraine dans toutes nos campagnes.

Une prime de 40 francs et une médaille d'argent est accordée aux six serviteurs dont les noms suivent ; ils nous ont paru réunir toutes les qualités qui doivent constituer le bon ouvrier agricole :

1° *Pierre* Péjac, métayer chez M. Leaumont, à Rieubec. Il cultive avec une rare intelligence cette propriété, où sa famille est établie depuis plus de soixante-dix ans.

Son activité, ses connaissances agricoles et une extrême probité le recommandent d'une manière toute spéciale à la bienveillance du Comice. Ses terres sont bien travaillées, et son bétail, bien soigné, bien nourri, présente un aspect de santé dont l'œil est satisfait.

2° *Antoine* Margnac, âgé de 64 ans, en service chez M. de Laroque depuis 25 ans.

Actif, laborieux et d'une fidélité exceptionnelle, il est entièrement dévoué aux intérêts de son maître ; il se distingue surtout par des mœurs irréprochables et remplit régulièrement ses devoirs religieux.

Chargé de surveiller la ferme qu'exploite en ce moment M. de Laroque, il s'acquitte de ces fonctions avec intelligence et sagacité, et il a su, par l'aménité de son caractère, se concilier l'estime et l'attachement de ses subordonnés.

3° *Jean* RAFFY, âgé de 65 ans, métayer à la Grand-Borde, chez Mme Labat. Né dans cette métairie, où sa famille est depuis plus de cent ans, il s'est constamment occupé de l'amélioration des terres qui lui ont été confiées. Il est très-entendu pour conduire un travail, et sa grange, composée de dix-sept têtes bien tenues, témoigne de son habileté pour les soins qui leur sont nécessaires.

Son dévouement et sa probité sont au-dessus de tout éloge, et il mérite avec raison la haute confiance que ses maîtres ont en lui.

4° *Jean* SALLES, métayer au Camelat, chez M. Menne.

Ce cultivateur dirige avec intelligence et succès la magnifique grange de son maître, composée d'une vingtaine de têtes.

Son bétail, parfaitement tenu, lui fait honneur, et le lustre de leur robe prouve qu'il doit faire un usage constant de l'étrille et des brosses. Les trottoirs sont balayés avec soin, et l'absence d'araignées au plancher dénote sa diligence et son amour pour la propreté.

5° *Joseph* ASTIÉ, domestique de Lucante, à Lalande.

Ce jeune homme, de 20 ans, soigne depuis deux ans les trente têtes de l'exploitation ; son activité est citée par ses voisins, sa moralité irréprochable, et il se distingue par la douceur de son caractère et une piété bien entendue.

6° *Jean* MÉRAUGE, âgé de 40 ans, domestique depuis sept ans chez M. Sevin du Pécile.

Il est cocher en titre, au besoin il sert d'homme d'affaires, et devient même, s'il le faut, jardinier adroit et intelligent.

Dévoué, laborieux et soumis, Mérauge ne s'est jamais refusé à aucun des travaux qui lui ont été commandés, jamais il n'a fait entendre ni plainte ni récrimination, et jamais il n'a demandé une augmentation de gages.

La fidélité de ce bon serviteur est à toute épreuve, et voici deux traits qui méritent d'être cités :

M. de Bosq, oncle de M. de Sevin, aimait à être veillé par lui, et pour reconnaître ses soins, il lui donna, un soir, 15 francs, que son neveu, à sa demande, lui avait fait passer d'un bureau voisin. Le lendemain, M. de Sevin demande des nouvelles de son oncle ; le domestique lui répond que M. de Bosq n'a fait que sommeiller et parler sans savoir ce qu'il disait ; à tel point qu'il lui avait donné 15 francs ; et il s'empressait de lui rapporter cette somme, prétendant qu'elle ne lui appartenait pas, vu qu'elle avait été donnée dans le délire de la fièvre.

Dans une autre circonstance, un jeune domestique, enfant de l'hospice, se noie pendant qu'il était au service de la maison. Son vestiaire n'étant réclamé par aucun parent est donné à Jean, et sa femme est chargée de l'emporter. M. de Sevin voit arriver son domestique venant lui annoncer que sa femme a trouvé dans ces vieux effets 50 francs qu'il s'empresse de remettre.

Quoique le programme ne soit applicable qu'aux serviteurs ruraux, la conduite de *Françoise* SOULAGE, appelée en famille *Seconde*, est trop belle pour qu'une prime ne soit pas créée pour la récompenser du rare dévouement qu'elle a montré.

Elle n'avait que 17 ans quand son père mourut. Instituteur à Port-Sainte-Marie, le vieux Soulage emporta dans sa tombe le pain de sa famille, et ne laissa à sa veuve que des dettes et quatre enfants à nourrir.

A partir de ce jour, Seconde devient en quelque sorte étrangère aux amusements de ses compagnes, et par un instinct providentiel, ne pense qu'aux moyens de subvenir aux besoins réclamés par la malheureuse position de sa famille. La maison paternelle ayant été vendue pour acquitter les dettes, elle n'a d'autre préoccupation que de multiplier ingénieusement ses travaux d'aiguille pour payer le loyer et procurer le nécessaire à tant de personnes.

Plus tard, ses frères s'étant mariés, elle demeure seule avec sa mère, retenue dans son lit par une paralysie incurable; pendant plus de dix ans, son dévouement filial ne s'est jamais démenti, et à l'assiduité des soins que réclamait la position de sa mère, elle a su allier un redoublement d'activité pour son travail.

Un de ses frères (Adrien Soulage), veuf depuis quelque temps, se trouva compromis dans les événements politiques de 1851, et fut obligé de quitter le pays, laissant trois enfants sans asile et sans pain. Seconde n'hésita pas à s'en charger, et adopta de suite ces pauvres orphelins, une fille de 10 ans, et deux garçons, un de 6 ans et l'autre de 3 : elle les réunit à sa mère paralytique et trouva dans sa piété assez de courage, et dans son industrie assez de ressources pour donner à tous des soins, du pain et des vêtements.

Jamais elle n'a eu recours à la charité publique pour elle ni pour ses enfants adoptifs, préférant réduire sa portion de pain pour rendre la leur plus abondante.

Tant de généreux efforts portent déjà leurs fruits : Seconde vient de marier sa nièce, et ses deux neveux commencent à gagner leur vie.

Un dévouement si humble et si persistant, puisqu'il date de plus de 28 ans, mériterait sans doute une récompense bien élevée. Malheureusement, celles que décerne le Comice sont bien modestes ; espérons que la publicité d'un acte aussi beau sera accueillie avec sympathie par sa ville natale, et qu'elle produira pour l'avenir des faits analogues que nous serons heureux de pouvoir couronner.

Il est accordé à Seconde Soulage une médaille d'argent et 40 francs.

Le Comice regrette qu'aucun concurrent ne soit présenté pour les primes créées en faveur des instituteurs et des élèves qui répondent sur les principes de la science agricole.

Il espère qu'à l'avenir ces prix ne resteront plus sans emploi. L'étude de l'agriculture est assez importante pour attirer sur elle l'attention des personnes à qui est confiée la belle mission de développer l'intelligence de notre jeunesse. Qu'à l'avenir ils fassent tous leurs efforts afin d'inculquer dans l'esprit de leurs jeunes élèves les premières notions d'une science qui donne de si douces jouissances, qu'ils leur inspirent surtout de l'attachement pour les champs qui les ont vu naître, et ils auront bien mérité de leur pays.

En terminant ce rapport, il est de mon devoir de payer un tribut de regrets à la mémoire d'un de nos collègues, M. Frédéric de Garin, qu'une cruelle maladie vient d'enlever à la fleur de son âge, la veille de notre belle solennité.

Plein de zèle pour les expériences agricoles, il avait été un des membres les plus actifs de notre commission, et sa mort est d'autant plus regrettable que déjà, dans sa localité, par sa pratique et son exemple, il avait donné une forte impulsion aux progrès de l'agriculture.

V

DISTRIBUTION DES PRIX ET MÉDAILLES

EN 1859.

I. — *Pour les exploitations les mieux dirigées dans l'ensemble des travaux.*

1er Prix, médaille d'or de la valeur de 120 fr., à M. GAUBERT aîné, propriétaire, à *Lafleyte*, commune du Pont-du-Casse, canton d'Agen.

2e Prix, médaille d'or de la valeur de 100 fr., à M. LEAUMONT, propriétaire, à *Rieubet*, commune d'Aiguillon, canton de Port-Sainte-Marie.

Rappel de médaille d'or, constituant un troisième prix, à Mme LABAT, propriétaire, à *Cambes*, commune du Pont-du-Casse, canton d'Agen.

Rappel de médaille d'argent, à M. Mailhé, à *Chantilly*, commune de Foulayronnes, canton d'Agen.

Médaille d'argent et 50 fr., à M. *Jean-Pierre* Carrère, à *Laillé*, commune d'Agen.

Médaille d'argent et 45 fr., à M. *Bernard* Delbosq, métayer de M. Romec, à *Bazens*, canton de Port-Sainte-Marie.

Médaille d'argent et 45 fr., à M. *Bernard* Brodoux, propriétaire, à *La Bourdette*, commune de Port-Sainte-Marie.

Médaille d'argent et 45 fr., à M. *Pierre* Labrunie, métayer, à *Sulpech*, commune de Saint-Cyr, canton d'Agen.

II. — *Pour la culture spéciale de la vigne, défrichements, transports de terre.*

Médaille d'or de la valeur de 100 fr., à M. La-vielle, propriétaire, à *Port-Sainte-Marie.*

Médaille d'or de la valeur de 100 fr., à M. d'Imbert de Mazères, propriétaire, à *Port-Sainte-Marie.*

III. — *Pour la culture du blé semé en lignes.*

Médaille d'argent, grand module, de 25 fr., à M. *Vincent* Lucante, métayer de M. Martial de Bourrousse de Laffore, à *Lalande*, commune d'Agen.

IV. — *Encouragements pour récompenser la moralité, l'amour du travail, l'ensemble des qualités qui constituent les bons ouvriers agricoles.*

Médaille d'argent, plus 45 fr., à M. *Pierre* PÉJEAC, métayer chez M. Leaumont, à *Rieubet.*

Médaille d'argent, plus 35 fr., à M. *Antoine* MARGNAC, domestique chez M. Charles de La Roque, à *Lassalle*, commune de Bazens.

Médaille d'argent, plus 35 fr., à M. *Jean* RAFFY, métayer chez Mᵐᵉ Labat, à *Cambes.*

Médaille d'argent, plus 35 fr., à M. *Jean* SALLES, chez M. Jules Menne, au *Camélat*, canton d'Agen.

Médaille d'argent, plus 35 fr., à M. *Joseph* ASTIÉ, domestique, chez M. Lucante, à *Lalande.*

Médaille d'argent, plus 35 fr., à M. *Jean* MÉRAUGE, domestique, chez M. de Sevin du Pécile, au *Pécile*, commune de Bazens.

Médaille d'argent, plus 40 fr., à Mᵐᵉ *Françoise* SOULAGE, dite SECONDE, demeurant à *Port-Sainte-Marie.*

V. — Concours de vaches.

1ʳᵉ Prime, 100 fr., à M. *Pierre* BIBÈS, propriétaire, à *Bazens.*

2me Prime, 100 fr., à M. *Charles* DE LA ROQUE, à *Lassalle*, commune de Bazens.

3me Prime, 60 fr., à M. *Charles* DE LA ROQUE, à *Lassalle*.

4me Prime, 60 fr., à M. *Jean* FILHOL, propriétaire, à *Boé*, canton d'Agen.

5me Prime, 40 fr., à M. *Jean* REGADE, à *Bazens*.

6me Prime, 40 fr., à M. *Léo* DELARD, à *Bazens*.

TABLE DES MATIÈRES.

Pages.

I — Compte-Rendu de la Fête agricole du 25 Septembre 1859. *(Journal de Lot-et-Garonne)*........   1

II — M. D'Imbert de Mazères. — Discours.....   5

III — M. le Curé Larrey ..... — Discours.....   13

IV — M. Ernest *de* Brondeau. — Rapport général sur les Prix décernés par le Comice agricole, en 1859   29

V — Noms des Agriculteurs qui ont obtenu des récompenses du Comice.............   57

Agen, Imprimerie de Prosper Noubel.

Le Comice distribue chaque année des Primes à trois cantons seulement.
A cet effet, les neuf cantons de l'arrondissement ont été divisés en zones,
ayant autant que possible les mêmes conditions culturales de la manière
suivante :

1o Les deux cantons d'Agen et le Port-Sainte-Marie;
2o Les cantons de Prayssas, de Beauville et de Laroque-Timbaut ;
3o Les cantons de Puymirol, d'Astaffort et de Laplume.

Les trois cantons de Prayssas, de Beauville et de Laroque-Timbaut sont
appelés à concourir pour 1860.